ALBERT GARRIGUES

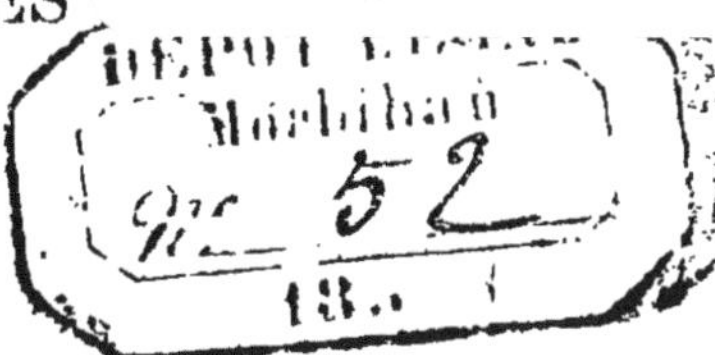

# LES QUINZE " SECRETS "

DE LA

# BOTANIQUE DE RABELAIS

VANNES
IMPRIMERIE LAFOLYE FRÈRES & Cie

1924

EXTRAIT DE

# l'ASSOCIATION MÉDICALE

ORGANE

de l'Association Médicale mutuelle des Médecins de la Seine et de Seine-et-Oise.

---

## BUT DE L'ASSOCIATION

---

L'Association fondée en 1886 assure ses membres contre la maladie : elle alloue une indemnité de **12 francs par jour, quelle que soit la durée de la maladie, MÊME SI CETTE MALADIE DEVIENT CHRONIQUE**, c'est-à-dire dans ce cas une rente annuelle de **4,380 fr.** au minimum.

Pour faire partie de l'Association, il faut :

Être Français, reçu Dr en médecine dans une Faculté de France, n'avoir pas dépassé 50 ans, exercer dans le département de la Seine ou de la Seine-et-Oise au moment de l'admission et subir un examen médical.

L'Association admet les confrères femmes aux mêmes conditions.

La cotisation à payer est de 12 francs par mois, plus un droit d'entrée viager proportionnel à l'âge au moment de l'admission. Jusqu'à 29 ans inclus pas de droit d'entrée.

*Pour recevoir un exemplaire des Statuts, écrire au Secrétariat général de l'Association, 116, rue Rambuteau.*

ALBERT GARRIGUES

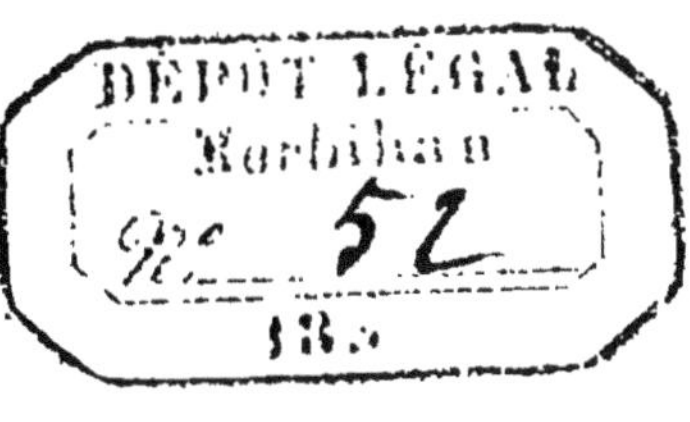




# LES QUINZE " SECRETS "

DE LA

# BOTANIQUE DE RABELAIS



VANNES
IMPRIMERIE LAFOLYE FRÈRES & Cie

1924

# LES QUINZE " SECRETS "
# DE LA BOTANIQUE DE RABELAIS

Les « Recueils de Secrets », les *Bâtiments de receptes* (1), comme les appelait Garnier (de Troyes), sont de tous les temps. Peut-être même aucun n'en fut plus riche que le nôtre. Modernes *Secrets de l'Alimentation, Secrets de l'Industrie*, *Mille et une recettes*, *Trucs et tours de main*, etc., à eux seuls, pourraient former une bibliothèque ; et ce serait curieuse histoire à écrire que celle des livres de cette nature.

En remontant le cours des âges, on y verrait passer, pour ne parler que des plus connus, les *Secrets concernant les arts et métiers* du XIX^e^ siècle ; — les innombrables éditions faites au XVIII^e^ siècle de *l'Albert moderne* et les *Secrets de la nature et de l'art* ; — au XVII^e^ siècle, le fameux recueil des *Secrets et Curiositez* de D'Emery et des ouvrages plus sérieux comme le *Recueil des plus curieux et rares secrets* de Du Chesne et les quatre livres des *Secrets de médecine et de la philosophie chimique* de J. Liébaut. — Plus avant, au XVI^e^ siècle, le *De Secretis* de Wecker, les *Secrets* de Don Alexis Piémontois, le *De Subtilitate* de Cardan et la *Magia naturalis* de Porta, coururent de mains en mains — Plus avant encore, ce furent les *Secrets des femmes et des vertus des herbes*, des *pierres et des animaux*,

(1) Ouvrage anonyme édité à Troyes par Garnier, vers 1727.

attribués à Albert le Grand, qui ont eu des éditions sans nombre jusqu'à ce jour, où plusieurs réimpressions populaires sont offertes encore à la badauderie de la foule.

Au delà, c'est avant Gutenberg. Nous sommes plus mal renseignés. Des recueils manuscrits, plus nombreux que tous ceux qui furent jamais imprimés, devaient se transmettre dans les familles et dans les cloîtres, parce qu'ils répondaient à un besoin.

« *Il serait à souhaiter*, écrira beaucoup plus tard le préfacier d'une de ces compilations, *que dans chaque Intendance, dans chaque Sub-Délégation et même dans chaque paroisse, on rassemblât les différentes formules domestiques, qui se trouvent comme en dépôt dans presque toutes les familles villageoises et qu'on en formât un recueil digéré dans lequel, comme dans une espèce de trésor, on puiserait tout ce qui serait nécessaire.* »

A défaut de ces collectanea officiels, les parchemins privés, à coup sûr, ne manquèrent pas et les Secrets y étaient recueillis, Dieu sait comme. L'auteur, qui se cache sous le pseudonyme de Don Alexis (1), nous découvre quelle fut sa manière, courant « *quasi toutes les parties du monde et interrogeant non seulement les gens de grand scavoir et grands seigneurs, mais aussi de poures femmes, artisans, paysans et gens de toutes qualitez.* » — A beau mentir qui vient de loin. Notre Piémontais reste suspect et sa méthode d'ailleurs n'est pas permise à tout le monde,

A la vérité, il dut y avoir : ceux qui recueillaient de bouche à bouche les Secrets que de père en fils se

(1) Peut-être l'alchimiste Jérôme Rucelli.

transmettaient les familles ; — d'autres qui butinaient simplement les Anciens ; — d'autres enfin qui prenaient leur bien dans l'un et dans l'autre camp. Dans l'ensemble, la part de l'antiquité est restée considérable ; car ce furent extraordinaires donneurs de recettes que Pline et Théophraste, que les Latins et les Grecs.

Rabelais a surtout connu ces Secrets-là, encore que, chanoine et médecin, il fut placé mieux que personne tant pour recevoir communication de manuscrits de formules que des livres de cette nature qui s'imprimaient de son temps.

Il est curieux que dans son Catalogue de la Bibliothèque de Saint-Victor (1) il n'ait fait mention déguisée d'aucun d'entre eux, à moins qu'on ne veuille tenir pour tel l'*Almanach perpétuel pour les goutteux et les verollez*. Une seule allusion s'en rencontre dans ce Traité de Nianto, qu'on retrouvera plus loin. — Peut-être, les railleries qu'inspirent à Rabelais les recettes parfois ridicules des Anciens ne le disposaient-elles guère à la lecture des recueils manuscrits ou imprimés de son époque. D'autre part, il faut bien reconnaître que la grande floraison des livres de Secrets est un peu postérieure à son Quart livre, qui parut en 1547. Le *De Subtilitate* de Cardan et l'édition italienne de Don Alexis sont de 1580 ; le livre de Wecker est de 1582 ; la *Magie naturelle* de Porta de 1589.

***

Il faut faire deux parts dans les Secrets que contient l'œuvre de Rabelais : ceux qui se rapportent aux plantes (les seuls que je retienne) et les autres. — Puis, deux

(1) Rabelais, *Pantagruel*, liv. II, chap. 7.

parts encore parmi les premiers : les Secrets dont il s'est moqué et ceux qu'il nous a transmis comme par mégarde et à son insu. Ceux-ci sont moins nombreux que ceux-là, ainsi qu'il est naturel dans une œuvre où l'Abbaye de Thélème tient en six chapitres, quand la critique du siècle emplit presque tout le reste. Celui qui démolit ne s'embarrasse pas de conserver les pierres qui tombent.

C'est surtout dans le Quart livre de Pantagruel que Rabelais a semé ses recettes empruntées pour la plupart à la tradition classique. Il n'avait que la difficulté du choix. Suivons-le sans le disputer sur celui qu'il fit. On découvrira un peu de son caractère à voir où il puise et comment il transmet les choses.

## Secret pour faire pleuvoir.

« *Gaster avoit inventé art et moyen de évoquer la pluie des cieulx, seulement une herbe découpant, commune par les prairies, mais à peu de gens cognue, laquelle il nous monstra. Et estimoi que fust celle de laquelle une seule branche jadis mettant le pontife jovial dedans la fontaine Agrie, sur le mont Lycien en Arcadie, au temps de seicheresse, excitoit les vapeurs ; des vapeurs estoient formées grosses nuées ; lesquelles dissolues en pluies, toute la région estoit à plaisir arrosée* (1). »

Voici Secret qui n'en est pas un, ou, pour mieux dire, qui le reste trop, car il garde son mystère. Rabelais même l'a obscurci, parlant d'abord d'une herbe commune par les prairies, ensuite de branche. La plante

(1) Rabelais. *Pantagruel,* liv. IV, chap. 61,

ainsi a toute chance de rester à peu de gens connue et son mode d'emploi, d'ailleurs, nous reste caché.

Sur le premier point toutefois nous sommes fixés par le texte rabelaisien même. — *Estimoi que ce fust celle de laquelle.....* Ceci évoque le mont Olympe, *Jupiter pluvius* et ce qu'en ont conté Pausanias (1) dans l'antiquité, Alexander (2) après Rabelais et foule d'autres.

On connaît la tradition. Sur le mont Lycée, en Arcadie, existait une fontaine dédiée à Agno, Hagno, ou Agnon, qui fut l'une des nymphes qui nourrirent Jupiter enfant. Dans les temps de sécheresse, les prêtres de Ζεύς Λυκαῖος y venaient faire prières et sacrifices ; puis laissaient tomber à la surface des eaux et sans l'immerger un rameau de chêne. Du frémissement de l'onde naissaient des exhalaisons, qui allaient s'épaissir en nuages ; et bientôt la pluie bienfaisante tombait. Καθίησι δρυὸς κλάδον ἐπιπολῆς, dit Pausanias ; et δρῦς, ici, désigne sans incertitude le chêne, qui fut l'arbre consacré à Jupiter. L'herbe des prairies de Maistre Gaster n'est donc que pour jeter le profane hors de la route.

Invoquant l'autorité de Pausanias, je me trouve en la bonne compagnie des annotateurs de Rabelais. Toutefois, ce n'est pas le texte grec, à mon sentiment et au contraire du leur, qui inspira le passage de Pantagruel. D'abord, parce que Pausanias ne parle pas de la fontaine Agnie. Ensuite parce que Rabelais, écrivant *Agrie*, fait une faute, que l'auteur grec n'eut pas commise.

Or, il est un contemporain de notre bonnet carré, qui rappelant le culte de *Jupiter pluvius*, nomme la fon-

(1) Pausanias. *Description de la Grèce*, Arcadie, liv. VIII, chap. 38.

(2) Alexander. *Genialium dierum*, liv. IV, chap. 16.

taine et écrit, lui aussi, *Agria* fautivement. « *De fonte qui Agriæ vocabatur in Lyceo Arcadiæ monte mira hæc scribit Pausanias.* » Ce contemporain est Nicolas Leonicus. Ce texte est tiré du liv. I, chap. 67 de ses *Histoires diverses*, dont la première édition parut à Bâle, en 1531.

Ceci n'est point vaine querelle de bibliographie ; car deux conséquences se peuvent déduire d'un tel rapprochement de textes. — La première est que Rabelais disposait assez aisément et vite des productions littéraires de son temps. — La seconde est qu'il acceptait volontiers de ses contemporains une documentation qu'il se désintéressait quelque peu de vérifier. — Il lisait beaucoup ; il savait infiniment de choses, mais que, pour la plupart, il ne prenait pas peine d'approfondir.

## Secret pour arrêter la fuite désordonnée d'un troupeau de chèvres.

« *Plutarche asseure avoir expérimenté : si un troupeau de chèvres s'enfuyait courant de toute force, mettez un brin d'éryngé en la gueule d'une dernière cheminante souldain toutes s'arresteront* » (1).

La référence est exacte. Plutarque rapporte la légende dans deux chapitres de ses *Œuvres Morales*. — Dans le premier (*De la nécessité pour un philosophe d'avoir commerce avec les grands*), voici ce qu'a laissé le vieil auteur : « *Il est une herbe appelée Eryngium, qui a une propriété curieuse. Lorsqu'une chèvre la prend en gueule,*

(1) *Pantagruel*, liv. IV, chap. 62.

*elle s'arrête court et ses compagnes demeurent immobiles comme elle, jusqu'à ce que le chevrier vienne enlever la plante.* »

L'Eryngium est le Chardon à cent têtes, ou Chardon Roland ; c'est notre *Eryngium campestre*, L. Sa racine fut jadis utilisée en médecine ; mais la plante entière ne saurait avoir *naturellement* les vertus qu'on lui prête. Je souligne *naturellement* ; car voyons le second passage.

Nous le trouvons au chapitre : *Pourquoi les Dieux retardent parfois la punition des maléfices*. Notez le mot. « *Pourquoi*, dit Plutarque, *si une chèvre*... etc.., et il ajoute expressement : « *et d'autres propriétés occultes, qui,....* » Il appert ainsi que le moraliste voyait dans le phénomène, non une propriété naturelle de l'Eryngium, mais le résultat d'un maléfice. Sur ce terrain, on peut tout dire et tout croire.

Taisant cela, Rabelais trahit un peu son auteur et davantage encore en exagérant les choses, en montrant, au lieu du troupeau qui paisiblement broute, une bande de chèvres emportées et qui courent de toute force.

## Secrets pour calmer la fureur des vipères et des taureaux.

« *La fureur des vipères expire par l'attouchement d'un rameau de fouteau* ».

« *Les taureaux furieux et forsenés approchants des figuiers saulvages dits caprifices s'apprivoisent et restent comme grampes* (surpris par une crampe) *et immobiles* ». (1)

(1) *Pantagruel*, liv. IV, chap. 62.

Sur le premier point, L. Jacob renvoie au chap. 7 du liv. XXVII de l'*Histoire naturelle* de Pline, où ne se trouve rien de semblable. Il faut remonter au chap. 4 du liv. XXIV pour lire : « *Radix cerri adversatur scorpionibus,* » et nous voici bien loin de l'exagération encore de Rabelais. Par surcroît, le *cerrus* de Pline, suivant Quicherat et Daveluy, serait une « *sorte de chêne* ». En italien, *cerro*, d'après Cormon et Vincent Manni, est aussi une « *espèce de chêne* ». Si le fouteau, ou fousteau, est le *fagus* latin, le *faggio* des italiens, le *Fagus sylvatica* de Linné et, pour tout dire, le hêtre, ce à quoi tout le monde s'accorde, ce pourrait être une occasion nouvelle de mettre Pline hors de cause.

Plus juste est de renvoyer à la Question 7 du liv. II des *Propos de table* de Plutarque. — « *D'autres convives*, lit-on, *se mirent à parler de propriétés occultes et à conter des choses étranges, comme le fait qu'en approchant d'une vipère une petite branche de hêtre la bête demeure immobile et cet autre encore qu'un taureau sauvage, quelque furieux qu'il soit, s'adoucit dès qu'on l'attache à un figuier.* »

A très peu près, Rabelais, cette fois a été fidèle à son auteur ; mais remarquez la prudence de Plutarque et combien peu il semble croire à la fable qu'il rapporte.

Il est vrai, il témoigne plus loin de davantage de crédulité. Voici qu'à la Question 10 du liv. VI, il cherche les raisons de l'action du figuier sur la colère des taureaux, qu'il en rapproche sa propriété de rendre plus tendres les viandes que l'on suspend à ses branches. S'il tente une explication du phénomène, c'est qu'il ne doute plus de sa véracité ; et l'explication est médiocre. L'acrimonie du bois, le vent et l'esprit aigu qui viennent des branches feuillues ne pouvaient convaincre Rabelais ; il y avait belle partie pour sa raillerie.

Cependant, la tradition a peut-être un fondement, banal et vulgaire comme l'origine première de la plupart des fables. Dioscoride (1) et Galien (2) ont rapporté que les cuisiniers attendrissaient le bœuf en cuisant la viande avec des rameaux de figuier ; et ce n'est pas par le seul caprice de la folle du logis que l'on peut penser que la modeste recette de cuisine, très ancienne, s'est d'abord altérée chez ceux qui suspendaient simplement la viande aux branches de l'arbre, pour se symboliser ensuite dans le taureau, vivant et forcené, adouci par l'ombre seule de son feuillage.

## Secret pour avoir des couvées de pigeons toute l'année.

« *Croyez comme chose vraisemblable que par les colombiers de leurs cassines, on trouvoit sus œufs ou petits, tous les mois ou saisons de l'an, les pigeons à foison. Ce qui est facile en mesnagerie, moyennant le salpêtre en roche ou la sacre herbe verveine* » (3).

Dans l'agitation de sa vie, le perpétuel voyageur que fut Rabelais ne dut guère prendre loisir d'élever pigeons au colombier, ni en volière. Son savoir, en cette matière, comme sans doute en beaucoup d'autres, était davantage tiré des livres que de la pratique ; et les classiques n'avaient pas manqué de lui apprendre

(1) Dioscoride. *Matière médicale*, liv. I.
(2) Galien. *De Aliment. facult.*, liv. II, chap. 9.
(3) Rabelais. *Pantagruel,* liv. IV, chap. 3.

que : « *Columbæ decies anno pariunt ; quædam et undecies* » (1) et encore que : « *Nihil columbis fecondius; itaque diebus quadragenis concipit et parit et incubat et educat; et hoc. fere totium annuum faciunt.* » (2). Ce n'est pas sans raison que le pigeon, jadis fut l'oiseau de Vénus et qu'on a pu dire que sa vie entière, à toute saison, est consacrée à l'amour.

Il est dont facile, en mesnagerie, de trouver pigeons sus œufs ou petits tous les mois de l'an, si les bêtes sont de bonne race, bien logées et bien nourries. « *En raisonnable troupe de cette volaille*, dira un peu plus tard Olivier de Serres (3), *pondans et couvans alternativement les uns en un temps, les autres en un autre, toujours en sort de nouveaux pigeons.* » — Les anciens (4) pour activer la ponte, ajoutaient aux grains coutumiers, la fève, ou l'orge grillée, ou le pois pigeon (5) ; plus tard, on a conseillé le chènevis. Du salpêtre en roche et de la sacre herbe verveine, il n'est pas question.

Cependant ces choses ont leur intérêt, la plante surtout, car la raillerie cachée sous les derniers mots fut sans doute la raison d'être de tout le passage. De si loin, il est difficile de dire avec certitude de qui Rabelais se jouait sous le couvert de la verveine. Des Anciens, comme naguère ? Je ne crois pas. Pline, à qui on pense aussitôt, avait dit à propos de la verveine : « *Sed Magi utique circa hanc insaniunt* (6). » La tradition classique

---

(1) Pline. *Histoire naturelle*, liv. X, chap. 53.

(2) Varron. *De re rustica*, liv. VIII, chap. 7.

(3) Olivier de Serres. *Le Théâtre d'Agriculture et Mesnage des Champs*, liv. V, chap. 9.

(4) Palladius. *De re rustica*, liv. I, chap. 24.

(5) Ers. *Ervum ervilia*, L.

(6) Pline. *Histoire naturelle*, liv. XXV, chap. 9.

conservait bien une foule de fables touchant la plante, mais la foi en ces fables mêmes s'était perdue; si bien que Macer Floridus (1) écrivait au XIIe siècle :

« *Quæ, quamvis natura potens concedere posset,*
*Vana tamen nobis et anilia jure videntur.* »

Je risque donc mon hypothèse que Rabelais, ici, a pensé à Savonarole, s'il est vrai que celui-ci ait cru que « *Verbena manducata non permittit per septem diem coïtum* (2). » Ce serait donc par une ironique antiphrase que Maître François, pour exciter les pigeons à l'amour, conseillait l'herbe purificatrice, qui exige la chasteté.

Savonarole avait trop secoué le Monde et l'Eglise pour que Rabelais l'ait ignoré. Ses écrits ne pouvaient lui être restés indifférents, car nous avons vu combien il portait attention aux livres de son temps. Le titre enfin d'un volume. « *La Morisque des héréticques* », que Pantagruel (3) trouva en la Bibliothèque de Saint-Victor, s'entend d'ordinaire comme l'évocation de ce supplice de la corde où, après une ou deux secousses, on laissait tomber le condamné dans un feu allumé au pied du gibet. Or, c'est ainsi que, sur la grand'place de Florence, le 23 mai 1498, moururent Savonarole et ses deux disciples, Domenico da Peschia et Silvestre Marussi.

---

(1) Macer Floridus. *De viribus herbarum*, § LVIII.
(2) Cité par Piperno. *De Magicis effectibus*, Napoli, 1635.
(3) Rabelais. *Pantagruel*, liv. II, chap. 7.

## Secret pour préserver de la foudre.

Il suffirait de s'abriter sous des lauriers, « *attendu qu'au seul flair issant des lauriers est la foudre destournée et jamais ne les férit* (1). »

« *Fulmen lauri fructicum non icit* », avait simplement dit Pline (2). Rabelais a ajouté au texte ; et, si l'on me reproche d'avoir ajouté au sien pour en faire un Secret, du moins ai-je une excuse, celle de la tradition, qui rapporte que l'empereur Tibère, par temps d'orage, cherchait sous les rameaux des lauriers un abri contre les effets du tonnerre.

L'exagération de la foudre destournée par le flair issant des lauriers est faute quelque peu plus lourde, car il n'est pas du tout assuré que l'observation de Pline soit inexacte. Et, si le fait se trouve vrai, l'explication que nous en pourrions donner serait tout juste à l'opposé de la pensée de Rabelais.

Point n'est question, quand le ciel gronde, de chercher un abri sous les arbres, quels qu'ils soient ; il n'en est pas moins vrai que la foudre brise certains de préférence à d'autres. Dans une statistique de Sidebotham, donnée à la *Société philosophique de Manchester*, on voit les chênes frappés neuf fois, quand les peupliers le sont sept, les érables quatre, les saules trois, le marronnier d'Inde, le marronnier, le noyer, l'aubépine et l'orme une seule fois ; le hêtre jamais.

On peut regretter que le laurier ait été négligé dans

(1) Rabelais. *Pantagruel*, liv. IV, chap. 62.

(2) Pline. *Histoire naturelle*, liv. II, chap. 55.

cette étude. Si le climat de l'Angleterre avait permis de combler pareille lacune, dans les conditions normales des arbres de pleine terre, peut-être aurait-on découvert à ce dernier une immunité contre la foudre égale à celle du hêtre. Le problème, qui pour d'autres essences n'a pas paru méprisable aux modernes, reste encore sans solution pour le laurier. La satire rabelaisienne en prend quelques chances de porter à faux.

## Secret pour retirer les flèches des plaies.

« *Attendu que les cerfs et bisches navrés profondément par traicts et dards, flesches ou guarrotz, s'ils rencontrent l'herbe nommé Dictame, fréquente en Candie, et en mangent quelque peu, soubdain les flèsches sortent hors et ne leur en reste mal aucun. De laquelle Vénus guérit son bien aimé fils Æneas, blessé en la cuisse dextre d'une flesche tirée par la sœur de Turnus, Juturna.* » (1)

Grand nombre d'anciens ont rapporté la légende : Dioscoride (2) et Pline (3) à la même époque ; Virgile (4) avant eux ; et, avant lui, Théophraste (5) et Aristote (6) « Ἀληθὲς δέ φασιν εἶναι, dit Théophraste, καὶ τὸ περὶ τῶν βελῶν ὅτι φαγρούσας ὅταν τοξευθῶσιν ἐκβάλλειν. τὸ μὲν οὖν δίκταμον τοῦτόν γε καὶ τοιαύτας ἔχει τὰς δυνάμεις. »

---

(1) Rabelais. *Pantagruel*, liv. IV. chap. 62.
(2) Dioscoride. *Matière médicale*, liv. III chap. 31.
(3) Pline. *Histoire naturelle*, liv. VIII, chap. 27.
(4) Virgile. *Enéide*, liv. XII.
(5) Théophraste. *Histoire des Plantes*, liv. IX, chap. 16.
(6) Aristote. *Histoire des animaux*, liv. IX, chap. 6.

C'est cependant Pline, ici encore, qui a inspiré Rabelais ; car il est le seul à mettre les cerfs en cause. Tous les autres, et Aristote, et Théophraste comme on l'a vu, et Virgile et Dioscoride attribuent aux chèvres sauvages la découverte des propriétés merveilleuses du Dictamne.

En revanche, l'intervention de Vénus est empruntée à l'Enéide. Les vers méritent d'en être rappelés, car l'*Origanum Dictamnum*, L., suivant la très juste remarque de Fée (1) est l'une des plantes les mieux décrites par Virgile.

*Hic Venus, indigno nati concussa dolore,*
*Dictamnum genitrix Cretæa carpit ab Ida,*
*Puberibus caulem foliis et flore comantem*
*Purpureo : non illa feris incognita capris*
*Gramina, quum tergo volucres hæsere sagittæ.*
*Hoc Venus, obscuro faciem circumdata nimbo,*
*Detulit : hoc fusum labris splendentibus amnem*
*Inficit, occulte medicans, spargitque salubres*
*Ambrosiæ succos et odoriferam panaceam.*
*Fovit ea vulnus lympha longævus Iapis*
*Ignorans ; subitoque omnis de corpore fugit*
*Quippe dolor ; omnis stetit imo vulnere sanguis.*
*Jamque secuta manum, nullo cogente, sagitta*
*Excidit, atque novæ rediere in pristina vires.*

Il faut ici prendre plaisir à la légende sans la défendre. Si le dictamne de Crète avait des propriétés hémostatiques, comme semble le dire Virgile, s'il était stupéfiant, comme paraît le croire Pline, quand il rapporte (2) que les mages de la Perse buvaient sa décoc-

(1) A. L. A. Fée. *Flore de Virgile*, XLVII.
(2) Pline. *Histoire naturelle*, Liv. XXIV, chap. 17.

tion pour prédire ensuite l'avenir, on pourrait peut-être interpréter ; mais on ne trouve rien de pareil dans l'histoire pharmacodynamique de la plante, encore qu'elle soit entrée dans foule des extraordinaires formules d'autrefois (1).

## Secret pour ouvrir toutes les serrures.

« *L'herbe nommée Ethiopis ouvre toutes les serrures qu'on lui présente* (2) ».

L. Jacob, dans son édition de Rabelais, accuse ici Pline au chap. 17 du liv. XXIV de son *Histoire naturelle* ; mais la référence est mauvaise. Quelques caractères botaniques de la plante y sont décrits ; non ses vertus. Du moins, le passage permet-il de penser que l'Ethiopis merveilleux n'est pas l'*Æthiopis* de Dioscoride, c'est à dire le *Salvia Æthiopis* de Linné, ou plus vraisemblablement notre bouillon blanc. — Ce qu'il est, je ne saurais dire ; mais on peut toujours accepter dans sa forme dubitative l'opinion de Dalechamp, qui en faisait « *quelque espèce, peut-être, de tithymale* ».

Pline rapporte la fable au liv. XXVI, dans ce chap. 4 qui a pour titre : « *De la folle superstition des magiciens* ». — « *Super omnia adjuvere Asclepiadem Magicæ vanitates, in tantum evectæ, ut abrogare herbis fidem cunctis possent. Æthiopide herba amnes ac stagna sic-*

(1) Ainsi dans la Thériaque d'Andromaque le père, dans le Mithridate, l'Orvietan, le Diascordium, dans l'Opiat de Salomon, dans le sirop d'armoise de Rhasès, dans la poudre diaprassii de Nicolas d'Alexandrie, dans la confection d'Hyacinthe, la poudre de l'électuaire de safran de Mars de Bauderon, etc.

(2) Rabelais, *Pantagruel,* liv. IV, chap. 62,

*cari conjectu, tactu clausa aperiri.* » La suite est une ironie de Pline, « *irridens ex Asclepiade* », comme le note justement Martin del Rio au liv. II, quest. 9 de son *Disquisitionum magicarum*.

Si Rabelais a tiré son texte de Pline, — et ce me semble assuré, — raillant la confiance des magiciens en l'herbe Ethiopis, il ne faisait que suivre son auteur. Visant Pline dans sa satire, comme on l'a dit, il eut été de mauvaise foi. Faute d'ailleurs vénielle, si l'on veut ; car Pantagruel est une bataille et, dans la mêlée, le scrupule ne va pas jusqu'à mesurer les coups que l'on donne. Si je marque celui-ci, c'est moins contre Rabelais que parce qu'il est de bon ton de ne trouver que radotages dans Pline et que la vaste compilation qu'est son *Histoire naturelle* vaut mieux que ne le disent quelques-uns qui ne l'ont pas lue.

Revenons à nos moutons, comme dit Maître Alcofribas. Je lis dans *L'Incrédulité et mescréance du Sortilège pleinement convaincue* de P. de l'Ancre (1622) : « *Pline en rapporte bien d'autres plus estranges, en parlant de la force et vertu de certaines herbes magiques. Il dict qu'on peut sécher les fleuves et estangs jettant dedans ceste herbe Æthiopide et du seul attouchement ouvrir toute sorte de fermure. Bien qu'on tienne pour certain que c'est l'herbe au Pic verd, qui repousse seulement les coings de fer, une fois fichez en quelque matière que ce soit. Et dont a pris crédit ceste fable commune qu'elle ouvrait toute sorte de ferrure.* »

Le rapprochement est curieux. P. de l'Ancre est, à ma connaissance, le seul qui l'ait fait. Rabelais ne la pas saisi, en séparant le secret qui suit de celui qui précède.

## Secret pour dégager les coins solidement enfoncés.

« *Democritus escript, Théophrast l'ha cru et esprouvé, estre une herbe, par le seul attouchement de laquelle un coin de fer profundement et par grande violence enfoncé dedans quelque gros et dur bois, subitement sort dehors. De laquelle usent les pics mars (vous les nommez pivars), quand de quelque puissant coin de fer l'on estouppe le trou de leurs nids, lesquels ils ont accoustumé industrieusement faire et caver dedans le tronc des fortes arbres* (1). »

Voilà, mot à mot pour le début, avec des exagérations pour le reste, la traduction d'un passage du chapitre 2 du liv. XXV de Pline, mais que ce dernier faisait suivre de ces mots : « *quæ etiamsi fide carent, admirationem tamen implent : coguntque confiteri, multum esse quod vero supersit.* » — Parlant déjà de l'herbe au pivert (2) Pline avait dit : « *creditur vulgo* ». Sur ces points, le procès est jugé ; plus n'est besoin de défendre le Préfet de la flotte de Misène.

Les textes qui précèdent ont posé aux commentateurs le problème des références qu'ils invoquent. Passe encore pour Démocrite dont les écrits, à quelques fragments près, sont perdus ; mais pour Théophraste ?

Rabelais, qui par endroits cite exactement ses sources, copiant ici Pline servilement, a fait une fois encore de l'érudition de seconde main et s'est épargné le soin d'aller à l'original. Il s'est tu et les commenta-

(1) Rabelais, *Pantagruel,* liv. IV, chap. 62.

(2) Pline, *Histoire naturelle,* liv. X, chap. 18.

teurs, comme lui, restent muets. Pour cause. Dans deux éditions des œuvres qui nous sont restées de Théophraste, par deux fois, j'ai vainement cherché le passage où le simpliste grec affirmerait *par expérience* la réalité des vertus de l'herbe au pivert. Ou bien ce fragment s'est perdu depuis Titus. Ou bien il s'agit de ces prêts que l'on ne fait qu'aux riches en disant : « *Croyez-le ou non, ce m'est tout un ; me suffit de vous avoir dict vérité.* » — Seulement, la Vérité de Rabelais n'est pas toujours nue ; il lui met souvent des oripeaux.

S'il faut accuser quelqu'un parmi les Anciens de l'aventure, c'est Claudius Ælianus, dont les *Histoires* sont contés en beaucoup d'endroits. Au chap. 45 de son liv. I, il rapporte la fable du pivert avec une précision qui témoigne de plus de naïve crédulité que de jugement : « « Οὐκοῦν εἴ τις λίθον ἐνθεὶς ἐπιφράξειε τῷ ὀρνέῳ τῷ πρειρημένῳ τὴν εἴσδυσιν, ὁ δὲ συμβαλὼν τὴν ἐπιβουλὴν τὴν κατ᾽ αὐτοῦ, κομίζει πόαν ἐχθρὰν τῷ λίθῳ, καὶ κατ᾽ αὐτοῦ τίθησιν· ὁ δὲ οἷα βαρούμενος καὶ μὴ φέρων ἐξάλλεται, κα ἀνέῳγεν αὖθις τῷ προειρημένῳ ἡ φίλη ὑποδρομή. »

## Secret pour séparer le vin et l'eau mélangés.

« *Si j'avois en ceste bouteille mis deux cotyles de vin et une d'eau, ensemble bien fort meslés, comment les démesleriez-vous, commentle s sépareriez-vous, de manière que vous me rendriez l'eau à part sans le vin, le vin sans l'eau, en mesure pareille que les y aurois mis? Aultrement, si vos chartiers et nautonniers, amenants pour la provision de vos maisons certain nombre de tonneaulx, pippes et bussarts de vin de Grave, d'Orléans, de Beaulne, de Mirevaulx, les avoient buffetés et bus à demi, le reste emplissants d'eau comme font les Limosins à bels esclots, charroyants les vins d'Argenton et Sangaultier, comment en oteriez-vous l'eau entièrement ? Comment le purifieriez-vous ? J'entends bien ; vous ne parlez d'un entonnoir de lierre. Cela est escript* (1). »

Où ? demanderez-vous peut-être. Par avance, Rabelais avait pris soin de nous le dire :

« *En banquetant, du vin aigué séparaient l'eau, comme l'enseigne Caton* de Re rustica (2) *et Pline* (3), *avecques un goubelet de lierre* (4). »

Sans doute, Rabelais eut-il pu citer encore, du moins dans son Gargantua de 1535, un livre qui venait d'avoir quelque succès et qui n'avait pu lui échapper, le *Hieroglyphica* de J. P. Valérien (5).

Sa recette amusait notre auteur de si particulière façon qu'il y revient encore au Quart livre, quand il dénombre la flotte que Pantagruel avait réunie pour voguer vers l'oracle de la dive bouteille. Chaque galère capitane avait en poupe un emblème. La huitième portait « *un goubelet de lierre bien prétieux batu d'or à la damasquine* (6). »

La méthode est toute simple. Il y faut, non pas un entonnoir, comme il est dit par à peu près au Tiers livre, mais véritablement un gobelet ou une coupe, faite d'un tronc de lierre, coupé de récente date. On

---

(1) Rabelais. *Pantagruel*, liv. III, chap. 52.
(2) Caton. *De Agri Cultura*, § CXI.
(3) Pline. *Histoire naturelle*, liv. XVI, 35.
(4) Rabelais. *Gargantua*, chap. 24.
(5) J. P. Valerianus. *De hyeroglyphica*, liv. LI.
(6) Rabelais. *Pantagruel*, liv, IV, chap. 1.

l'emplit d'un mélange d'eau et de vin ; ce dernier filtre à travers le bois poreux et s'écoule, laissant dans le récipient l'eau pure. Telle est du moins la tradition classique.

Ce fut la caractérisque de toute une longue époque de batailler sur des textes, sans vérifier d'abord les faits. Rien ne fait mieux florir les contradictions et les théories — Les premières vinrent sur la nature du liquide qui s'échappe. On soutint que c'était l'eau, parce que les Anciens avaient tenu pour le vin. Elles vinrent aussi sur la matière du vase, qu'on declara pouvoir n'être pas de lierre, mais d'une substance poreuse quelconque. Ainsi Mizald utilisait un jonc sec et creux (1) et Démocrite (2) un vase de terre non vernissé et n'ayant encore jamais servi.

Les secondes ne manquèrent pas davantage. Ainsi, Porta (3), peu après Rabelais, invoque la plus grande fluidité de l'eau pour expliquer son privilégié passage au travers des vases. « *L'eau*, dira-t-il, *est le plus subtil de tous les liquides.* » — Ainsi, Cardan (4) écrira cette subtilité curieuse que mettre ensemble du vin et de l'eau n'est pas faire un véritable mélange, mais un assemblement mêlé et ce que les Grecs appelaient κρᾶσις. Quand deux substances sont vraiement mêlées, la forme particulière de l'une et de l'autre périssent ; ici, au contraire, la forme du vin et celle de l'eau demeurent. Par là se peut comprendre le phénomène du gobelet.

---

(1) Cité par J.-J. Wecker. *De Secretis*, liv. V, chap. 7.

(2) Sans doute Democritus Florentinus, cité par Porta. *Magia naturalis*, liv. XVIII, chap. 3.

(3) Porta, Loc. cit,

(4) Cardan, *De Subtilitate*, liv. V.

— L'irréductible ennemi de Cardan, celui qui devait se flatter de l'avoir fait mourir de chagrin, Scaliger, n'a pas manqué de combattre une telle opinion. Facile combat ; mais où, philosophant sur forme et matière au sens ordinaire de ces mots et prenant son auteur à la lettre, Scaliger pourtant n'en a peut-être pas bien saisi l'esprit (1).

Il est curieux que des hommes, qui ne manquaient ni d'intelligence, ni de valeur scientifique, en soient venus à ces discussions, qui nous semblent aujourd'hui purs enfantillages. Il était si simple de faire l'expérience d'abord et de voir que la recette ne valait rien ; mais ce n'était pas la manière d'autrefois. Encore ne faut-il pas trop vite médire de la crédulité du passé, car le Secret du gobelet de lierre se retrouve encore dans des *Secrets concernant les Arts et Métiers* (2), qui portent la date de 1819. Rabelais fut autrement averti. Voyez comme il finit son passage. Le procédé, dit-il, « *est vrai et avéré par mille expériences. Vous le scaviez desja. Mais ceux qui ne l'ont sceu et ne le virent oncques, ne le croiroient possible.* » (3) — Quelle joyeuse ironie dans l'excès même de la certitude !

Toutefois, s'il est facile de se rire des traditions, il est moins aisé de découvrir leur origine. D'abord, parce que les siècles, en prétendant les réformer, les déforment. Ainsi firent Porta et Cardan. Il faut prendre celle, plus ancienne, qui veut que le vin s'écoule au travers du lierre.

---

(1) Scaliger. *Exotericæ Exercitationes de Subtilitate ad Cardanum.*. Exerc. CI, § 3.

(2) *Secrets concernant les Arts et Métiers*. T. I. chap. 11. Lyon, 1819.

(3) Rabelais. *Pantagruel,* liv. III, chap. 52.

Or, que dit la Fable ? — « *Lyarre a été surnommé Dyonysia, c'est-à dire Bacchique, prenant ce nom de Bacchus qui le premier apporta Lyarre des Indes en Grèce ; ou parce que il luy est voué et dédié. Car tout ainsi que Bacchus est touiours ieune ainsi le Lyarre est touiours verdoyant. Et tout ainsi que le Lyarre lie toutes choses qu'il empongne, ainsi Bacchus tient, enserre et lie l'esprit des hommes.* » (1) — A. de Gubernatis a dit plus simplement (2) que ce furent la ressemblance de leurs feuilles et leur qualité commune de plante grimpante qui ont rapproché le lierre et la vigne dans le mythe.

Laissons les explications pour seulement retenir le fait. Le fait, c'est Bacchus couronné de lierre ; ce sont les coupes antiques, non pas faites de bois de lierre, comme beaucoup l'ont écrit, mais ornées sur leur bord de feuilles de vigne et de lierre entremêlées.

............ *Pocula ponam*
*Fagina, cælatum divini opus Alcimedontis ;*
*Lenta quibus torno facili superaddita vitis*
*Diffusos hedera vestit pallente corymbos* (3).

Le fait, ce sont nos cabarets, il n'y a pas si longtemps encore et depuis toujours, qui portaient comme enseigne des branches de lierre.

Mais pourquoi ? Pourquoi, en particulier, dans les banquets de l'antiquité, les convives se couronnaient-ils de lierre ? Ici, du moins, nous avons une réponse. On crut que le lierre neutralisait la vigne et préservait de

(1) Fuchs. *Histoire des plantes* (traduction lyonnaise de 1550), chap. CLXI.

(2) A. de Gubernatis, *La Mythologie des plantes*, T. II.

(3) Virgile. *Bucoliques*. Eglogue 3.

l'ivresse. Et voici peut-être toute la clef du mystère. Les baies du lierre, la décoction vineuse de ses feuilles à un moindre degré, sont purgatives et font vomir avec violence. Dans les temps lointains, sans aucun doute, la plante fut employée pour faire rejeter leur vin aux ivrognes. Puis, la thérapeutique brutale et qui n'est pas sans danger, s'est symbolisée et les symboles se firent multiples à mesure que leur origine s'oubliait. Celui peut-être qui est resté le plus proche du sens primitif est précisément le *goubelet de lierre* d'où le vin s'échappe.

## Secret pour faire les meilleures flutes de sureau.

« *Le suzeau croist plus canore et plus apte au jeu des fleutes en pays onquel le chant des coqs ne sera ouï, ainsi qu'ont escript les anciens sages, selon le rapport de Théophraste, comme si le chant des coqs hébestast, amollist et estonnast la matière et le bois du suzeau* (1). »

Cette fois, comme naguères, Rabelais se rit des anciens sages, *au rapport de Théophraste* ; mais j'ai grand peur qu'il se joue autant des *buveurs très illustres et goutteux très précieux*, à qui il dédiait son Quart livre, en citant Théophraste. Rien de pareil, en effet, à ma connaissance dans le vieil auteur et il faut en revenir à Pline. — « *Magis canoram buccinam tubamque credit pastor ibi cæsa ubi gallorum cantum frutex ille non exaudiat* (2). »

---

(1) Rabelais. *Pantagruel*, liv. IV, chap. 62.
(2) Pline. *Histoire naturelle* liv. XVI, chap. 37.

Ne cherchons pas noise à Rabelais pour sa traduction de *buccinam* et de *tubam* par *flute*, puisqu'il renie Pline dans son texte. Adrovandi nous apprend d'ailleurs (1) que les pâtres coupent encore le sureau, *pour en faire des flutes*, dans les endroits éloignés, où le chant du coq ne se peut entendre. — La suite, dans Pantagruel, est autrement intéressante :

« *Je sçai qu'aultres ont ceste sentence entendu du suzeau saulvage, provenant en lieux tant esloignés de villes et villages que le chant des coqs n'y pourroit estre ouï. Icellui sans doubte doibt pour flustes et aultres instrumens de musique estre esleu, et préféré au domestique, lequel provient au tour des chesaulx et masures. — Aultres l'ont entendu plus haultement, non selon la lettre, mais allégoriquement selon l'usage des Pythagoriciens ; et, en ceste sentence, nous enseignent que les gens sages et studieux ne se doibvent adonner à la musique triviale et vulgaire, mais à la céleste, divine, angélique, plus absconse et de plus loing apportée : sçavoir est d'une région en laquelle n'est ouï des coqs le chant. Car, voulants dénoter quelque lieu à l'escart et peu fréquenté, ainsi disons nous, en icellui n'avoir onques esté ouï coq chantant.* »

Admirez combien Rabelais sait interpréter, quand il le veut ; et, en vérité, toutes les fables se devraient prendre de la sorte. Les Sages d'autrefois enveloppaient volontiers leurs leçons du mystère des allégories, comme les savants d'aujourd'hui s'entourent du brouillard des terminologies particulières. L'obscurité n'est pas moindre ; nous y avons seulement perdu en poésie.

(1) Adrovandi. *Ornithologia*, XIV.

Certains même, jadis, poussaient la manière jusqu'à lui faire le sacrifice d'eux-mêmes. Témoin ce « *plourard* » d'Héraclite, comme l'appelle Rabelais, qui, atteint d'hydropisie, allait interrogeant les médecins et leur demandant sous forme d'énigme par quel moyen ils seraient capables de changer la pluie en sécheresse. Sa question restant incomprise et notre philosophe ne voulant pas parler clair, il s'enfonça dans un fumier pour se guérir. Le curieux est qu'il y parvint ; mais de fâcheuse manière, car il y fut mis en pièces par des chiens. — « *Beuvez frais*, dirait Rabelais, *si ne le croyez.* »

Notre fin lettré savait donc fort bien qu'il faut interpréter les textes et soulever le voile des mots. Nous venons de voir qu'il était capable de s'y employer à merveille. Heureux ! qu'il ne s'y soit pas attaché davantage ! Il eut alors écrit un livre de critique aujourd'hui oublié à la place de ce Pantagruel qui vivra toujours. Et qu'importent les petites infidélités qu'il a faites ici ou là aux traditions, les menus mensonges dont il a habillé la vérité ? Qu'importe que sa raillerie parfois soit injuste à l'égard des Anciens ? Elle était souvent juste à l'égard des choses et son œuvre ne perd rien à la joyeuse satire des dix méchants secrets que l'on vient de voir.

*
* *

Les autres, ceux que Rabelais nous a conservés par hasard, à plume courante, sont en petit nombre ; à peine cinq et tous sur même matière, groupés au chap. 24 du liv. II de *Pantagruel*.

Quand ce dernier apprit que les Dipsodes étaient entrés dans les états de son père, il quitta Paris en toute hâte pour Honfleur, où il dut attendre des vents favorables. Il y reçut d'une dame, fâchée de n'avoir eu son dernier adieu, une feuille toute blanche. L'histoire est présente au souvenir de tous. Panurge ne douta point que ce ne fut lettre écrite avec une encre invisible et nous en venons à notre point. Nos cinq derniers secrets sont recettes d'encres sympathiques, faites de plantes, car je passe sur les autres.

## Encre invisible devenant visible sous l'action de la chaleur.

« *Panurge montra la lettre à la chandelle pour sçavoir si elle étoit point escripte de jus d'oignons blancs* (1). »

Recette qui a amusé tous les enfants, depuis que les enfants écrivent et qui traîne dans tous les recueils. A vrai dire, la propriété de fournir une encre sympathique de cette nature n'est pas privative à l'oignon blanc. Déjà au temps de Rabelais, on employait à pareil usage le citron, les raisins verts, les cerises, les fruits du cormier, le suc du navet, etc., « *presque tous les fruits âcres* », dira Porta (2).

Les sucs des plantes laissent sur le papier un peu de matière organique incolore, mais qui, plus sensible que le papier à l'action de la chaleur, se détruit « *à la chandelle* » avant ce dernier et apparaît noirâtre avec l'oignon, verdâtre avec la cerise, etc.

---

(1) Rabelais. *Pantagruel*, liv. II, chap. 24.
(2) Porta. *Magia naturalis*, liv. XVI, chap. 1.

## Encre invisible devenant visible au contact de poussières.

« *Puis en frotta un coin de cendres d'un nid d'arondelles, pour voir si elle estoit escripte de rosée qu'on trouve dans les pommes d'Alicacabut* (1). »

Les cendres de nid d'hirondelles sont manifeste fantaisie. Elles n'ont pas, en la circonstance, de particulières propriétés ; mais il faut bien que les secrets présentent quelques difficultés de réalisation pour que la foule les goûte davantage.

Les pommes d'Alicacabut sont ces baies globuleuses et rouges, enfermées dans un calice renflé, qui mûrissent à la fin de l'automne et qui ressemblent assez à des cerises pour avoir reçu le nom de cerises d'hiver et encore de cerises de juif. Ce sont les fruits du coqueret, alkékenge, ou *Physalis alkekenge* de Linné. Ils sont gorgés en abondance d'un suc tout à la fois aigrelet et sucré ; ils contiennent, disait Lémery (1) « *beaucoup de phlegme, de sel essentiel et d'huile.* »

Je ne saurais dire si le suc du coqueret entre dans le groupe des sucs végétaux, qui ont pour base des substances glutineuses, visqueuses, ou hygroscopiques et qui, par là, peuvent servir d'encre sympathique que le frottement d'une poussière rend ensuite apparente. Il est possible, dira-t-on, puisque Rabelais en donne assurance ; mais c'est peut-être parce que Rabelais le dit qu'on est enclin à ne le croire que sous bénéfice de preuve.

---

(1) Rabelais, *Pantagruel*, liv. II, chap. 24.

S'il est vrai, le secret se découvre. Un suc de telle nature laisse sur le papier des traces invisibles, mais qui retiennent et fixent de fines poussières colorées. La poudre glissant, au contraire, sur les autres parties de la feuille, l'écriture ainsi se révèle.

## Ecriture invisible devenant visible dans un bain d'eau.

« *Puis, la mist dedans l'eau pour scavoir si la lettre estoit escripte du suc de tithymalle* (1). »

## Ecriture invisible devenant visible dans un bain de vinaigre.

« *Puis la trempa en vinaigre pour voir si elle estoit escripte de laict d'éourge* (2). »

Ces deux recettes sont peu connues ; du moins je ne les ai nulle autre part rencontrées. On peut les réunir ; elles sont tout voisines par la nature des plantes employées et par le mode d'emploi.

Sur le premier point, malgré la distinction que fait Rabelais, ses contemporains bien souvent devaient confondre les deux herbes, car il est fort difficile de se reconnaître au milieu des tithymales d'autrefois. Théophraste en comptait trois, Dioscoride sept et le terme devint même plus tard un nom de genre et non d'espèce ; il désignait le plus grand nombre des euphorbes. Je crois volontiers que le tithymale de Rabelais est

(1) Lemery. *Dictionnaire universel des drogues simples.*
(2) Rabelais, *Pantagruel*, liv. II, chap. 24.

notre *Euphorbia helioscopia*, L., ou peut-être l'ésule et que son épurge est notre *Euphorbia lathyris*, L.

Peu importe d'ailleurs, quant au second point. Nos deux euphorbiacées sont caractéristiques par le suc lactescent de nature gommo-résineuse, qui s'écoule de leurs tiges brisées. Le nom même de tithymale en était venu (τιθή, nourrice ; μαλός, blanc). Que ce suc, une fois séché sur une feuille et invisible, devienne apparent sous l'action de l'eau ou du vinaigre, je me garde de l'assurer.

Certes, il est curieux de noter que Dioscoride le donnait, en thérapeutique, mélangé précisément à de l'eau et à du vinaigre et que les anciens corrigeaient l'action violente des deux plantes en les faisant macérer aussi dans du vinaigre ; mais il faudrait, pour décider, faire l'expérience. J'avoue ne pas l'avoir tentée. D'abord, faute des éléments nécessaires. Ensuite, parce que le secret suivant m'a rappelé que tout dans Rabelais n'est pas « *matière de bréviaire* »

## Ecriture invisible devenant visible en la traitant par l'huile de noix.

« *Puis en frotta une partie d'huile de noix pour voir si elle estoit point escrispte de lexif de figuier.* » (1)

La recette pose un premier problème : celui du *lexif de figuier*. Qu'est-ce à dire ? Point, à coup sûr ce suc laiteux, amer et âcre, que renferment toutes les parties tendres de la plante, quand elles sont fraîches. Lorsqu'on écrit avec ce lait, l'écriture invisible devient appa-

(1) Rabelais. *Pantagruel*, liv. II, chap. 24.

rente sous l'action du feu et le Secret rentrerait dans la catégorie du premier de ceux que l'on vient de voir. Et puis, prendre lexif pour lait est forcer beaucoup les choses. On traduit d'ordinaire par lessive, au sens latin de *lixivium*, qui sous entend *cinis*. Il s'agirait donc d'une lessive de cendres de figuier.

Cette spécialisation peut surprendre ceux qui volontiers ne voient dans la lessive qu'une eau plus ou moins chargée de sous-carbonate de potasse, sans grande différence entre les arbres qui ont fourni les cendres. Des différences existent pourtant ; et, par exemple, alors que les cendres d'un grand nombre de végétaux herbacés sont essentiellement alcalines, celles du peuplier sont surtout calcaires, celles du grain de blé phosphatées, et celles de sa paille silicatées. — Les anciens, tout en parlant un autre langage, faisaient plus nettes encore des distinctions et parce que Dioscoride (1) attribuait d'identiques vertus à toutes les cendres, Galien (2) l'en reprend vertement et tout juste même à propos des cendres du figuier, dont la lessive servit autrefois à foule d'usages thérapeutiques.

Pour l'huile, blanche, douce et inodore quand elle est fraîche, qu'on retire à froid de la noix, — si l'opinion moderne de Delioux de Savignac, qui veut qu'elle n'ait aucune propriété particulière, est certainement inexacte, en absolu, — il ne semble pas cependant qu'elle ait été particularisée avec tant de netteté que le furent les cendres du figuier, comme on vient de voir. Je n'ai pas pensé que l'huile de noix eut une valeur privative dans la recette de Rabelais. Toutefois, j'ai respecté tous les

(1) Dioscoride. *Materia medica*, liv. I, chap. 95.
(2) Galien. *De Simpl. medic. facult.*, liv. VIII.

termes de la formule dans l'expérience et je dois dire que l'expérience fut négative.

Le Secret serait donc pur badinage ; mais il ne faut pas en faire grief à Rabelais, qui n'avait point, en vérité, à traiter le sujet des encres sympathiques avec la gravité que devaient y mettre beaucoup plus tard l'abbé Nollet (1) et l'académicien Hellot (2). Sans doute, ne vit-il dans la dernière recette qu'une occasion de se railler de Galien d'indirecte manière. L'allusion a perdu de son intérêt en un temps où Galien n'est plus lu ; mais elle était aisément saisie à une époque, où la connaissance du vieil auteur était le fonds même des études médicales.

Rabelais d'ailleurs ne se faisait aucun scrupule d'un mensonge joyeux. On le voit bien aux références qu'il donne de ses cinq recettes d'encres sympathiques. Panurge dira les avoir empruntées « *à Messere Francesco di Nianto le Thuscan, qui ha escript la Manière de lire lettres non apparentes* », ou tirées de « *ce que escript Zoroaster* περὶ γραμμάτων ἀκρίτων *et Calphurnius Bassus De Litteris illegibilibus* (3). » Or, Francesco di Nianto est inconnu et il est probable qu'il n'a jamais existé. Ce Nianto, qu'il faut rapprocher de la négation italienne Niente : rien, ne dit pas grand chose qui vaille. — Quant aux deux autres traités, ou bien ils sont perdus, ou bien — et ceci est beaucoup plus vraisemblable — ils ne furent jamais écrits. Pas plus que ce livre sur un analogue sujet que Rabelais, dans son Gargantua, attribue plaisamment et avec la même fantaisie à Aristote :

(1) Nollet. *Art des Expériences.*

(2) Hellot. *Mémoire de l'académie royale des sciences*, 1737.

(3) Rabelais. *Pantagruel*, liv. II, chap. 24.

« *Practiquant l'art dont on peult lire lettres non apparentes, comme enseigne Aristoteles* (1). »

La manière était plaisante. Elle n'a pas manqué d'imitateurs et Molière, ce fils de Rabelais par l'esprit, ne fut pas le moindre.

SGANARELLE. — *Hippocrate dit que nous nous couvrions tous deux.*

GÉRONTE. — *Hippocrate dit cela ?*

SGANARELLE. — *Oui.*

GÉRONTE. — *Dans quel chapitre, s'il vous plaît ?*

SGANARELLE. — *Dans son chapitre des chapeaux* (2).

*
* *

Ce n'est pas seulement dans cet endroit, mais en foule d'autres que nous est apparu le danger de prendre Rabelais à la lettre. Son texte est semé de pièges et il ne faut jamais oublier, en tournant les feuillets, l'avis quelque peu narquois de l'auteur en ses préliminaires qu'il importe de ne prendre que la moelle de ses livres.

A l'image de ceux qui veulent instruire en amusant, il armait son fouet de grelots et masquait sa satire d'éclats de rire. Les bouffonneries des aventures et du style, si elles ne lui ont pas épargné des haines, le sauvèrent au moins du pire et le pire alors sentait la flamme. Elles ont aussi donné à son œuvre une jeunesse qui s'est jouée du temps, comme Rabelais se jouait des textes, des institutions et des hommes.

(1) Rabelais. *Gargantua*, chap. I.
(2) Molière. *Le Médecin malgré lui*, acte 2, scène 3.

Vannes. — Imprimerie LAFOLYE Frères et C^ie^. 525-24.

www.ingramcontent.com/pod-product-compliance
Ingram Content Group UK Ltd.
Pitfield, Milton Keynes, MK11 3LW, UK
UKHW022154170726
13837UKWH00004B/1985

9 782329 207247